L'ART OENOLOGIQUE

RÉDUIT A LA SIMPLICITÉ

DE LA NATURE.

IMPRIMERIE DE FAIN, PLACE DE L'ODÉON.

L'ART OENOLOGIQUE

RÉDUIT A LA SIMPLICITÉ

DE LA NATURE,

PAR LA SCIENCE ET L'EXPÉRIENCE ;

SUIVI D'OBSERVATIONS CRITIQUES
SUR L'APPAREIL GERVAIS.

Experientia rerum magistra.

PAR A. A. CADET DE VAUX,

Membre des Académiés impériale des Curieux de la Nature, royale des Sciences de Munich, de Madrid ; de la Société helvétique des Sciences naturelles ; honoraire de l'Académie royale de Médecine, de la Société royale d'Agriculture de Toulouse ; de diverses autres Académies, sociétés savantes, agric les, nationales et étrangères.

PARIS,
CHEZ LOUIS COLAS, LIBRAIRE,
RUE DAUPHINE, N°. 32.

1823.

[illegible]

[illegible]

[illegible]

[illegible]

[illegible]

[illegible]

PRÉAMBULE.

PRÉVENONS l'époque des vendanges , et publions notre testament œnologique. Mon dix-septième lustre, dont sept ont été consacrés à l'art de la vinification , ne me permet pas un plus long ajournement : la science a prononcé, et l'expérience a confirmé l'arrêt du perfectionnement de l'art œnologique, ramené aux règles simples de la nature. Dans ce testament, tout propriétaire de vignoble trouvera son legs; mais il ne sera point égal pour tous : le propriétaire qu'une éducation libérale aura soustrait aux préjugés, à la routine, et surtout à l'empire de son vigneron, qui, cultivant bien sa vigne, fait mal son vin, deviendra ce légataire. Dès lors ayant assuré le triomphe de l'œnologie, son exemple et la qualité supérieure de ses vins influeront sur la contrée qu'il habite; en sorte qu'avec le temps toute vigne donnera de bon vin; car les élémens dont le vin se compose sont à la disposition de l'art.

Quant à l'instruction du peuple des campagnes, elle est plus facile qu'on ne le pense, si elle a pour organe celui qui a des droits à l'estime publique, et surtout si l'exemple se joint au précepte.

Quoique l'œnologie soit de tous les arts le plus simple, puisqu'il va être circonscrit ici dans quelques pages, cet art n'en a pas moins engendré de nombreux volumes, et dont plusieurs récemment publiés : mais il en est ainsi de l'esprit humain; libre en son essor, il parcourt incessamment un cercle d'erreurs, et ce n'est qu'après des siècles révolus qu'il s'arrête au point où est la vérité. Et cela, quand l'animal, assez heureux pour être privé de la raison, jouit du bienfait de l'instinct qui, à dater du jour de la création, lui a tracé la route dont il ne devait pas s'écarter !

La science a réduit l'œnologie au plus simple des arts économiques ; or, comment imaginer l'adhésion de quelques savans, sur l'appareil vinificateur de mademoiselle Gervais, à laquelle ils ont donné une première place dans les rangs œnologiques ?

Mais, avant de faire le procès à cet appareil, justifions cette erreur de la science spéculative, qui, étrangère à la confection du vin, a dit et a dû dire : « La fermentation opère le dégagement des gaz en partie volatils, s'annihilant dans l'atmosphère du cellier, quand, retenus dans la cuve, ils eussent concouru à l'amélioration du vin : objet que doit remplir l'appareil vinificateur, comme faisant l'office d'un chapiteau d'alambic, armé de son réfrigérant condensateur de l'alcohol. » — Oui, si je n'eusse pas, dès long-temps, par un procédé simple, marié l'art avec la science, j'aurais souscrit peut-être à ce contrat de la cuve et de l'appareil.

La science pourrait être ainsi pleinement

justifiée ; mais l'art n'en serait pas moins en droit d'accuser l'appareil Gervais.

Le procès de cet appareil vinificateur, si compliqué, si dispendieux, si retardatif, étant aujourd'hui jugé sans appel, je supprime de cette dissertation œnologique le compte que j'avais rédigé de l'expérience faite l'année dernière par M. Colas, maire d'Argenteuil ; expérience faite pour marcher de front avec celle de Toulouse : *cuve découverte, cuve couverte, et la troisième surmontée de l'appareil vinificateur.* Le vignoble d'Argenteuil est un tribunal de dégustateurs.

L'ART OENOLOGIQUE

RÉDUIT A LA SIMPLICITÉ

DE LA NATURE,

PAR LA SCIENCE ET L'EXPÉRIENCE.

Vieil ami de la science économique, et spécialement de l'œnologie, à laquelle j'ai consacré trente années de ma vie, je me crois autorisé à faire cause commune avec la Société royale d'agriculture de Toulouse, dont je m'honore d'être membre, relativement au procès œnologique que mademoiselle Gervais a cru pouvoir intenter à cet art (1).

Le rapport de la société devenant pour moi un avis sans appel, il m'eût été difficile de demeurer étranger à cette cause, dans l'intérêt même de l'art ; surtout après avoir reçu plusieurs lettres dans lesquelles on accuse mon silence (2).

« Vous, monsieur, est-il dit dans une de ces
» lettres, qui, devenu l'écho du célèbre Chaptal,
» avez propagé avec tant de zèle l'instruction
» œnologique, et avez ajouté tant de faits nouveaux

» à l'appui des théories, comment pouvez-vous
» demeurer indifférent aux résultats d'un tel pro-
» cédé, proclamé le *nec plus ultrà* de la vinifica-
» tion, et déjà couvert de nombreuses souscrip-
» tions? etc., etc. »

Livré, sans distraction, à l'œnologie, et jaloux
de ses progrès, j'ai pu en reculer les bornes po-
sées par Chaptal (3), trop distrait par le nombre
d'objets qu'embrasse la vaste carrière qu'il parcourt; mais c'est lui que j'ai rendu confident de
mes travaux subséquens. Or, *la prescription de
la cuve couverte a été mon début en œnologie.*

Bientôt après je substituai le *gleuco-œnomètre*
à ces dégustations, à ce fatras d'indications infidèles, d'après lesquelles le vigneron fixe le
moment du décuvage. Qu'est en effet le palais
émoussé d'un vigneron, parfois à demi ivre,
contre un instrument matériel, pondérateur et
dès lors irréfragable? Dans les arts, c'est de par-
ties isolées que se compose le tout.

Une autre de ces extensions, et la plus influente
sur la qualité du vin, a été la désacidification du
moût par la terre calcaire, qui, enchaînant l'*a-
cide malique* pour ne laisser au moût que son sel
essentiel, le *tartre*, élève les vins de bas crus au
rang de bons et même d'excellens vins, en ad-
mettant, bien entendu, une bonne qualité de cépage. C'est ainsi que le meilleur blanc, de la val-

lée de Montmorency, désacidifié, donne un excellent vin de Chablis, et je dis excellent.

Les arts éclairés ont aussi leurs miracles, et on en doit beaucoup à ce siècle de lumières. Hasarder de pareils faits œnologiques serait compromettre la science et se compromettre soi-même ; or ni l'un ni l'autre ne le seront.

Si en ma qualité d'ancien apôtre de l'œnologie, mon opinion doit être de quelque poids, voici ma profession de foi sur le procédé de mademoiselle Gervais : Je déclare partager sans restriction l'opinion de la Société royale d'agriculture de Toulouse, émise dans le rapport de sa commission.

J'ajouterai qu'ancien élève de Rouelles, et familiarisé dans son laboratoire à la scrupuleuse exactitude des expériences chimiques, j'en citerais difficilement qui, autant que celles consacrées dans ce rapport, imprimassent le caractère de l'évidence ; c'est donc pour moi un jugement souverain.

Mais pouvais-je devenir juge dans ce procès de mademoiselle Gervais ? Non. Invité à l'une de ces expériences, faite à la terre d'un de mes amis, je refusai de m'y rendre, parce que je me serais présenté là dans une fausse attitude, et avec une opinion entièrement contradictoire sur ce vaste et dispendieux échafaudage d'un appareil (*physico-chimico-pneumatico-vinicole* ; auquel je ne puis ajouter *économique* ; puisque l'économie est d'un millième, millième d'un produit insignifiant ; surtout quand un douzième de plus en quantité de vin, obtenu de la cuve Gervais, appartient également à la cuve n° 2, de l'expérience comparative de la Société, cuve que depuis un quart de siècle je tenais couverte.

Or donc l'expérience s'est réduite au seul avantage d'une *cuve couverte*, qui, opposée à une cuve découverte, devait nécessairement donner ce douzième de plus en quantité et un vin de meilleure qualité. Ainsi la triple expérience de la société royale, *cuve tenue découverte, cuve couverte, cuve affublée de l'appareil Gervais*, pouvait seule prononcer sur la nullité de cet appareil.

C'est à la Société royale d'agriculture de Toulouse et aux communications dont elle devient le centre, que l'œnologie sera redevable du perfectionnement si nouveau de cet art si ancien. Heureux de faire cause commune avec elle, je lui apporte le tribut de ma vieille expérience.

Comment concevoir qu'une expérience si simple, et devant opérer une révolution œnologique aussi importante, ait pu se dérober à ce point de départ : *cuve découverte et cuve simplement couverte* ? J'étais seul, il y a trente ans, et loin de faire un mystère du procédé, j'ouvrais la porte de mon cellier, ainsi que de ma cave à tout venant : le nombre en était petit, tandis que le charlatanisme est un si bon associé, et le secret une si bonne trompette ; ainsi que le sera devenu pour mademoiselle Gervais son brevet d'invention, hameçon auquel a été pris un si grand nombre de souscripteurs. Et cela en 1821 !!!

Mais elle est maintenant réduite à sa juste valeur, cette nouvelleté accueillie avec tant d'enthousiasme ! Nouvelleté, c'est le mot propre, d'après sa définition, *tendante à déposséder le possesseur* ; or, ce possesseur, c'est moi, qui, à une époque, déjà si reculée, ai prescrit, imprimé, publié et exécuté, comme condition rigoureuse de l'amélioration de tout vin, et d'augmentation notable de la quantité obtenue, *la cuve couverte*. Revenons donc à mon procédé, imité dans l'appareil Gervais ; mais devenu aussi compliqué que le mien est simple.

Maintenant plus d'évaporation du liquide dans ma cuve. Mais que vont devenir ces gaz, cet acide carbonique, cet alcohol que protége et retient l'appareil Gervais? Cette coercition, réduite par le rapport de la Société royale à sa juste valeur, n'est-elle pas illusoire? Ce qu'ils deviendront, ces gaz? Ce qu'ils deviennent dans une cuve couverte. Ils se dégagent pour successivement se ressaisir, se combiner et améliorer la masse vineuse.

Il n'y a dans le moût qu'un principe de trop qu'il faille enchaîner, c'est l'acide malique, quand il est en excès, et nous allons l'enchaîner dans la cuve, au moyen de la terre calcaire.

Demandons à notre tour que devient ce gaz carbonique dans les foudres où se font les vins étouffés? il les rend plus généreux. N'en est-il pas ainsi de ces vins de Champagne mousseux, et qui cessant de l'être par l'absorption de ce même gaz, ont gagné en saveur et en bouquet? Cette marche progressive décomposant les principes constituans de la vinification pour les recomposer, ne sont pas lettres closes pour la chimie. Mais écartons le plus que possible les théories; c'est du vin et de la manière de l'obtenir bon qu'il s'agit.

Notre cuve étant couverte, plus de ces refoulemens du chapeau, réitérés autant de fois que la cuve s'endort; chapeau qui, à chaque fois qu'on le plonge, reporte dans le vin les millions d'insectes dont il est couvert. L'atmosphère du cellier n'affectera plus l'odorat de sa fétidité caseuse; cette portion de vin acidifié dans la cuve découverte est un douzième de vinaigre; ce douzième de vin est soustrait à l'évaporation dans notre cuve couverte : c'est elle qui fait les vins prompts à boire et les vins de garde.

C'est avec étonnement que, dans les divers traités que vient de faire éclore le procédé Gervais,

je vois des hommes distingués, s'appuyant sur
d'anciennes autorités, celle de Rozier, etc., ne
point prononcer condamnation sur ce périlleux
chapeau refoulé dans la cuve. C'est au cellier du
vinaigrier qu'on transportera ce vin devenu vinaigre. Voilà de ces propositions faites pour frap-
per le vigneron le plus ignorant : elles tracent
le cercle de la vinification. Mais ajoutons à cette
considération de la science et de l'économie une
considération d'un plus haut intérêt, savoir : l'asphyxie ou la mort dont peut être frappé celui qui
va opérer le refoulement. Il y a dans la classe populaire une sorte de courage irréfléchi qui brave
tout danger dont ne sont point frappés les sens :
tel que fait trembler le tonnerre ne redoute point
une moffète qui éteint la flamme de la vie, de
même qu'elle eût éteint la flamme d'une bougie
qu'on y eût présentée.

Cependant la fréquence de cet accident a instruit les pays vinicoles. Aussi, quand tel ouvrier
descend avec bravade dans la cuve, tel autre y descend avec une superstition religieuse qui le porte
à se signer du signe de la croix, ainsi que s'en
signait autrefois le vidangeur mettant le pied
sur l'échelle pour descendre dans une fosse où il
ayait à redouter la mite, le plomb, l'asphyxie, enfin
la mort. Et combien de ces fosses devenaient la
tombe de cette classe d'ouvriers ! il en était ainsi des

puits méphitiques. La cuve couverte écarte à jamais ces accidens. La seule cause d'asphyxie et
de mort sera désormais cette cuve découverte, ce
refoulement de la vinée ; depuis qu'au nom de la
science et de cette triste humanité, exposée à tant
de maux qu'on ne cherchait pas à prévoir, je suis
parvenu à assainir les fosses d'aisance, les puits,
les caves, ces foyers de méphitisme, ces vastes
égouts qui devenaient si souvent le tombeau de
la classe vouée à d'aussi dangereux travaux ; enfin
ces vastes et antiques cimetières dont l'exfodiation
est si dangereuse.

Ce moyen repoussant la mort et commandant
à la vie, quel est-il ? un appareil pyro-pneumati-
que, qui transporte d'une grande profondeur les
vapeurs délétères auxquelles vient se substituer
l'air pur de l'atmosphère.

Toutefois, que de cuves découvertes produi-
ront encore ces asphyxies, ces morts ! mais, dans
les empires d'une vaste étendue, les lois ne con-
sentent point à descendre jusqu'à de semblables
détails : il a fallu des Malesherbes, des Turgot,
pour imprimer le caractère de lois aux mesures
sanitaires que je provoquai sur la proscription
du pot-au-lait de cuivre et des tables de plomb
dont étaient couverts les comptoirs des marchands
de vin, etc., etc.

Une autre condition que j'ai dû signaler comme

non moins rigoureuse est d'amener préalablement la cuve de douze à quinze degrés de chaleur; en sorte que, dans les climats froids et dans
la saison d'une température moins chaude, ce ne
soit plus des semaines et souvent un mois entier
de cuvage à attendre; intervalle pendant lequel,
après avoir bouilli, la cuve s'attiédit, se refroidit
pour, devenue silencieuse, avoir besoin d'être
chauffée artificiellement.

Tandis que notre calorique est introduit dans la
cuve, et comme principe constituant du vin, et
comme agent essentiel de la fermentation, elle va
marcher d'un pas régulier et accéléré à son terme,
dans un espace de quatre à cinq jours, au lieu de
quatre semaines. Dans le cours de plusieurs années la différence de température n'a point abrogé
cette loi de la fermentation. Qu'on abandonne la
cuve à elle-même; qu'on ferme le cellier pour
n'y rentrer qu'à ce terme si rapproché. En y ren-
trant, ce n'est plus de cette odeur nauséabonde
qu'on sera frappé, mais d'un parfum vineux, de
ce bouquet qui appartient à un bon vin. Il en sera
ainsi du marc au pressoir; c'est un *vin fait*, un
vin droit, dont le marc enivrerait celui qui ten-
terait de le remanier deux fois consécutive-
ment.

Or, ces procédés de vinification complètent
l'art, au moyen duquel tout vigneron peut obte-

nir du bon vin. Noé a pu s'enivrer, mais ce n'é-
tait pas avec de bon vin : il valait moins sans doute
que celui de Surêne, dont les vignerons, réunis
dans une séance œnologique, ont pu connaître
l'art si simple d'améliorer leur vin.

Dans les divers traités d'œnologie, ces moyens
secondaires ont pu ne pas échapper à l'observation ; mais il ne suffit pas d'indiquer à la routine :
ces préceptes devaient être, non de simples aper-
çus théoriques, non des tâtonnemens infidèles ;
il fallait au lieu de conseils vagues, marier les faits
avec la théorie et prescrire des lois rigoureuses.
Or, ces lois se réduisent :

A la désacidification du moût dans les années
qui la sollicitent ;

Aux 12 et 15 degrés de chaleur imprimée au
moût, si la température ne l'y porte pas ;

A la cuve exactement couverte ;

A notre gleuco-œnomètre, indicateur du moment de décuver, dans les cas d'exception qui
proviendraient de l'accélération ou du retard du
complément de la fermentation, décuvage qui a
lieu quand l'instrument marque de 1 à 0. Pour le
vin dans le tonneau, marquer zéro.

Cet instrument va remplir une nouvelle fonction : savoir, dans les années qui ne promettent
qu'un vin médiocre, d'indiquer la quantité de
matière sucrée à ajouter au moût pour l'élever

au moins à 10 degrés du gleuco-œnomètre. A degrés plus élevés, le vin ne sera plus généreux.
Les principes dont la nature a composé le raisin
sont à la disposition de la science qui est son
interprète ; et telle est surtout la matière sucrée,
l'âme de la vinification (4).

Ces six propositions composent la loi œnologique : en s'y conformant, il ne doit plus exister
de *mauvais vin*, même dans les années mauvaises,
non plus que dans les médiocres vignobles.

Quand le procédé Gervais, quoique repoussé
par la science, ainsi que par ses résultats négatifs,
réunit un grand nombre de prosélytes, il est permis
de demander comment il se fait qu'une adoption
générale ne se soit point approprié la *cuve couverte*, procédé avéré par la science et consacré par les
plus imposantes expériences. Ce n'est plus le vigneron qu'il faut accuser : par qui et comment serait-il
instruit ? mais c'est le propriétaire qui refuse de
s'instruire, et fléchit, répétons-le, devant son
vigneron, cherchant à l'intimider sur le produit
de son vin, s'il sort de l'ornière d'une vieille
routine.

Il n'en sera point ainsi des propriétaires du
temps nouveau ; ils s'instruisent, et en renouvelant
des baux à leurs fermiers, le notaire n'y insère plus
la clause de *jachères obligées* ; mais il fixe la rota-
tion des assolemens.

Le Clos-Vougeot donne un des premiers vins de France; la confection de son vin réunissait à peu près tous les vices, qui s'y perpétuaient depuis des siècles: ce vin n'avait donc que l'avantage du sol, de l'exposition et de son vieux cépage. M. Tourton, homme éclairé, devenu propriétaire de ce vignoble, ne s'en imposant pas sur la supériorité de son vin, crut devoir consulter la science pour se soumettre à son autorité; mais surtout à celle des faits.

M. Tourton vint donc les recueillir à Franconville-la-Garenne, vallée de Montmorency, vignoble parfois un peu hyperboréen; et c'est là que s'est fixé le perfectionnement du Clos-Vougeot, vin fameux. Bientôt il eut appliqué à sa vinification le couvercle des cuves.

Déjà il venait d'employer, à sa dernière vendange, le *gleuco - œnomètre*; instrument qui avait mis plusieurs fois en défaut un vieux dégustateur, attaché depuis un demi-siècle à cette fonction, et prononçant impérativement sur le moment de décuver: on craignait de perdre un tel oracle, quand le gleuco-œnomètre devint son survivancier.

On refoulait aussi, au Clos-Vougeot, le chapeau peu d'instans avant le décuvage. Or, combien ce tardif refoulement de la cuve ne devait-il pas influer sur la qualité du vin! car, la cuve découverte ; c'était une quantité donnée de *vinaigre refoulé dans cet excellent vin.*

Voici une observation importante, que j'avais émise sur ce refoulement du chapeau constamment acétifié, et dont le rapport de la commission a constaté la qualité acéteuse. Beaucoup de bons vins , tendres , délicats , ne sont pas susceptibles de se garder, quoique de leur nature fort spiritueux. Cela ne proviendrait-il pas, ou plutôt disons affirmativement que cela provient de ce levain acidé qui y est recélé, lequel acidé, demeuré stationnaire pendant un temps donné, finit par céder à la tendance qu'il a d'amener le vin à ce second terme de la fermentation? C'est avec une mère de vinaigre que les vinaigriers acétifient les vins ; or la voici dans notre chapeau.

Je suis d'autant plus autorisé à tirer cette conséquence, que jamais mon vin n'a participé à ces accidens fréquens aux produits de notre vignoble , et qu'il s'en est conservé pendant plusieurs années, sans autre altération que la précipitation d'une portion de partie colorante. A Sannois, dont le territoire diffère peu de celui de Franconville, M. Dumont, receveur des contributions, a du vin de ce crû si médiocre, qui, fait d'après mes principes œnologiques et conservé quatorze ans, est, à cette époque, égal au vin de Torins, de l'aveu des dégustateurs.

Mais appuyons ces faits isolés de l'autorité d'un grand vignoble, de celui d'Argenteuil. J'y portai mes premiers essais de vin d'une cuve couverte, ils eurent pour prosélytes les deux plus forts propriétaires du pays, et des commerçans en vins qui m'offrirent un tiers en sus du prix qu'ils payaient le vin de la même récolte, dont ils venaient faire emplette pour le service des hôpitaux. L'année suivante ces expériences s'y firent en grand, et de trois cents vignerons, il n'y en a aujourd'hui qu'un très-petit nombre qui, fidèles au bon vieux temps, hésitent encore à adopter la cuve couverte; hésitation qui a été fatale, il y a deux ans, aux récalcitrans, dont beaucoup de cuves ont tourné à l'aigre.

Des faits! des faits! ce sont là les plus solides appuis des théories, surtout quand ils ont ainsi traversé plus d'un quart de siècle : et que prouvent en définitif ces faits? si ce n'est le temps et la dépense qu'exige la fabrication de mauvais vin; quand on peut si promptement et si facilement l'obtenir bon et à si peu de frais.

Arrêtons-nous donc, un moment, sur cette économie pécuniaire; ouvrons un compte à chacune des cuvées.

Quatre jours de cuvage, comparés aux quatre semaines de sa durée, dans les années froides; la dépense de journées, de nourriture, que dans ces intervalles de temps; notre cuvée n'a point à supporter; nulle dépense de vin, car cave et cellier sont fermés aux buveurs, tous si altérés aux époques des vendanges; l'amélioration de ce vin, et dès lors son plus haut prix; la propriété de se garder avec sûreté pendant plusieurs années; enfin cette douzième pièce de vin en plus, obtenue par notre cuve couverte, payant à elle seule et nos frais de quelques jours, et même ceux de quelques livres de matière sucrée destinée à une amélioration et à une spirituosité si notable. Il y a des argumens sans réplique : tel est le résultat de la théorie étayée de cent faits qui consacrent l'art œnologique.

Mais dans la recherche des sciences et des arts, c'est à gauche que l'imagination de l'homme le fait dévier, et c'est presque toujours l'erreur qui conduit à la vérité : les nations pendant des siècles, et l'homme pendant les plus belles années de sa vie, errent, pour enfin, après cette lente investigation, revenir à des faits qu'il eût été si facile de saisir. Telle est l'histoire de toutes les découvertes, quand ce n'est pas au hasard qu'on en est parfois redevable.

De toutes les substances végétales dont on obtient une liqueur spiritueuse, le raisin est le seul dont les principes constituans soient dans une harmonie telle que l'art qui est destiné à per fectionner la nature n'aura contribué qu'à la détériorer par la marche si retardative des tâtonnemens, et cela depuis des siècles ; car Grecs et Romains ont connu le vin.

Mais enfin quand cet art, l'un des plus simples, est devenu le plus compliqué, ramenons-le à toute sa simplicité et réduisons-le à quelques préceptes : car de cent manières de faire une chose, il n'en est qu'une de la faire bien, c'est de se conformer aux principes de la science, qui ne sont que l'accomplissement des lois de la nature.

Terminons donc cette communication par un code œnologique qui puisse profiter à quelques propriétaires pour lesquels la routine n'est pas la voie sacrée.

Quelle étendue j'aurai donnée à cette communication ! Je ne prétendais, m'associant à la Société royale d'agriculture de Toulouse, relever qu'une erreur de l'art, et voici l'art tout entier que j'aurai resserré dans quelques pages, quand il a produit des ouvrages volumineux.

Voici ce codicille :

Cueillir le raisin à maturité (5) ; le transporter soigneusement au cellier, sans être foulé dans les bachous ; l'égrapper avec une fourche à trois fourchons ; opération aussi expéditive que va l'être le foulage ; le fouler avec des sabots neufs sur une claie posée à la surface de la cuve, et portée sur deux poutrelles; plus un panier d'osier sans fond pour recevoir le bachou du raisin égrené; et le suc écoulé, rejeter le grain dans la cuve (6) :

Que, d'après le proverbe du vigneron, *le soleil ait été ou non renfermé dans la cuve*, on n'en soutire pas moins, par la canelle, du moût, pour le faire chauffer, et même bouillir, à l'effet de le transvaser dans la cuve, procédant ainsi jusqu'à ce que la totalité de la vendange soit parvenue de 12 à 15 degrés du thermomètre, si la saison est froide.

Le moût apporte-t-il, à défaut de maturité complète, ou en raison de la qualité inférieure de son cépage, un acide trop prononcé, on le désacidifiera. Cette désacidification consiste dans l'addition d'une terre calcaire, craie, blanc d'Espagne, et à leur défaut, de plâtre pulvérisé. Déjà, dans les pays du nord, on avait observé une amélioration dans le vin confié à des cuves intérieurement plâtrées; il n'y avait pas loin de cette observation à l'expérience du plâtre pulvérisé; *mais combien*, dit Montaigne, *de choses nous voyons que nous n'apercevons pas !*

La vendange dans cet état, ajuster notre couvercle intérieur, destiné à la maintenir nageant dans son moût; laisser au couvercle un intervalle de 4 à 5 pouces, pour la raréfaction de la vinée.

2

Recouvrir alors la cuve de paillassons ou d'une étoffe épaisse de vieux lainage : il serait superflu d'en entourer le corps de la cuve, surtout si elle est de bois, lequel n'est pas conducteur du calorique.

Quelque froide que soit la température extérieure, elle ne peut plus influer sur notre fermentation soumise à ces conditions préalables. Le thermomètre, à l'air, pourra descendre à zéro, terme de la glace, quand celui que nous présenterions à l'intérieur, s'élevant graduellement, parviendra à 20 ou 22 degrés. Le quatrième jour, époque du décuvage, si le gleuco-œnomètre n'exige pas quelques heures de retard, décuver sans déranger le couvercle ; soutirer par la bonde et entonner le vin : il est chaud, d'une belle robe, et de la plus grande limpidité. Sa fermentation ultérieure sera très-paisible, surtout si on l'a désacidifié. Au soutirage, notre vin ne donnera pas le douzième de lie, comme les vins soumis aux procédés ordinaires.

Tels sont donc les avantages de la cuve couverte : le sens commun aurait dû dès long-temps prendre l'initiative sur la science œnologique ; puisque de deux cuves égales contenant douze pièces de vin, ce sont réellement douze pièces qu'on obtient de la cuve couverte, tandis que la cuve découverte n'en donne que onze. Cette douzième pièce aura payé, et au-delà, la totalité des frais de vendange, sans compter le plus haut prix de ce vin infiniment plus vieux, et si supérieur en qualité (7).

Revenons au procédé de désacidification. Je ne serais pas entendu du commun des vignerons; mais je le serai de ces classes nouvelles de propriétaires qui ont débuté par les prémisses de l'instruction, devenue de nos jours si facile à acquérir et ne se bornant plus à la langue d'Homère et de Cicéron. En dehors du sanctuaire des sciences naturelles et physiques, nous allons nous faire entendre de ces néophytes.

Il y a dans le moût deux acides; l'un *l'acide tartareux*, qui est le sel essentiel du vin; laissons l'y subsister; c'est ce sel qui, dans les tonneaux, se dépose avec le temps sur la paroi des douves ainsi que dans le fond des bouteilles, et souvent au bouchon; sa présence tend à la conservation du vin.

L'autre est *l'acide malique* (acide de la pomme) qui, dominant dans les petits vins et surtout dans ceux des climats froids, leur impriment le caractère d'acidité. Or c'est cet acide qu'il faut saturer. Ne se confondant point avec l'acide tartareux, l'acide malique se laisse saisir, le premier, par la terre calcaire. Ainsi donc, pour ne point attenter à l'acide tartareux qui se désacidifirait également, on établit la proportion de craie à moitié du poids qu'en absorberait le litre du moût.

Voici comment apprécier cette proportion : la veille de la vendange, on exprime une pinte, un litre de moût ; on pèse une quantité donnée de craie dont on met, par pincée, dans le litre de liquide, jusqu'à ce qu'elle cesse de faire effervescence ; on pèse la quantité de craie restante pour s'assurer de ce qui en est absorbé ; est-ce un gros par exemple, pour le litre? alors ce ne sera qu'un demi-gros de craie à asperger dans la cuve, par chaque litre qu'elle est censée contenir de vin. Plus d'exactitude deviendrait minutie.

Ce procédé de désacidification est de rigueur applicable à tous vins du nord ; dont l'acide, disons-nous, est si lent à s'atténuer. Et pourquoi attendre si long-temps ce qu'il est possible d'obtenir dans quelques minutes par l'aspersion de notre terre calcaire? Ces propositions sont bien affirmatives, et toutefois chaque année les vérifie.

Ajoutons-y ce fait : à Aix-la-Chapelle, où je remplissais une mission économique, M. de Ladoucette, préfet, me conduisit dans les hôpitaux ; l'extrême acidité du vin me parut peu hygiénique pour des convalescens : désacidifié à l'instant même, et dans le réfectoire, il devint très-potable. Observons que c'est à l'époque de la vinification, et dans la cuve, qu'il faut opérer cette désacidification; car on ne dérange pas sans inconvénient les pièces d'un édifice aussi compliqué que le vin.

Voici donc cet art de l'œnologie réduit à toute sa simplicité, à quelques principes avoués par la nature et justifiés par l'expérience, *maturité*, *chaleur*, *obturation*. Et c'est d'un appareil colossal qu'on affublerait notre humble cuve!

Mais si, dans les années défavorables, la nature a été infidèle à ses lois, la science, confidente de ses secrets, va bientôt mettre à sa disposition les agens destinés à rétablir l'harmonie des principes constituans du vin. Ou elle neutralise cet acide malique, ou elle ajoute la matière sucrée, dans la proportion voulue pour obtenir un vin plus ou moins généreux; enfin elle lui rend un de ces aromes si fugitifs.

L'art, qui corrige ainsi les vices du vin, peut en faire de toutes pièces, puisque les mêmes agens que la nature emploie sont à sa disposition. Offrons une heureuse application de ces principes.

On doit à M. Puymaurin une excellente dissertation sur la *fabrication des vins en Angleterre*. Nous pouvons en fabriquer d'aussi bons que ceux-là le sont peu, en même temps qu'ils sont très-préjudiciables à la santé : notre vin artificiel va être un *vin naturel*, ce dont toutefois l'ignorance et le préjugé ne conviendront pas, quoiqu'ils trouvent si bons des vins falsifiés.

Je n'aurais pas de développemens à donner sur une telle proposition communiquée à une société savante ; mais les salons, ceux mêmes où l'esprit règne le plus, ne sont-ils pas ouverts à tous les préjugés? Le sucre de betterave, si supérieur à celui de cannes, n'y serait pas admis avec son certificat d'origine. Les ennemis de la science sont moins la classe ignorante que celle des demi-savans, auxquels impose ce mot de *vin naturel*. Pour eux le vin de Surène est naturel ; mais ne doivent pas l'être les vins de Malaga, etc., surtout celui de paille, qui, désacidifié, rivalise avec le tockaï ; toutefois ce n'est pas le surène qu'ils préfèrent à ces derniers ; leur palais est converti sur ce point ; que le raisonnement achève leur conversion, puisqu'ils avouent la bonté de ces vins dont on est redevable à l'art.

Eau, matière sucrée, muqueux doux, acide tartareux, acide malique, voilà les premiers élémens dont se compose le vin ; ce sont les chiffres dont l'arrangement divers, le revirement, font tour à tour le moût, le vin, le vinaigre.

Ces élémens ne sont-ils pas à la disposition de l'art? Dans les bonnes années, la nature en établit les proportions respectives ; l'analyse chimique les constate et les inscrit pour, dans les années médiocres ou mauvaises, rétablir l'harmonie de ces mêmes principes et obtenir un vin égal en bonté. Des milliers de vignobles qui existent en France, nul vin ne se ressemble. Eh bien! le nôtre sera le mille unième ; procédons à sa confection, puisque l'économie doit en obtenir de très - grands avantages.

Vin additionnel.

Ce procédé ultérieur va donner le cinquième d'un vin égal, et même, dans les vignobles inférieurs, supérieur en qualité aux quatre autres cinquièmes du vin décuvé. Excepterons-nous les vins de bon cru? Eh pourquoi!

Admettons une cuve de douze pièces; on en décuve neuf ; le marc en conserve trois qui deviendront du *vin de pressoir*.

Convertissons ces trois pièces en six pièces de vin, de qualité supérieure, avons-nous dit, dans les petits vignobles, aux neuf pièces de vin décuvé.

Interrogeons ce marc : le raisin n'a pas été foulé, refoulé, déchiqueté, enfin réduit à un état boueux, il a son muqueux charnu; sa pellicule a conservé portion de sa partie colorante : si l'on n'a pas désacidifié l'acide malique est en partie, entraîné dans les neuf pièces, ainsi que le goût de terroir; cette absence de l'un et de l'autre va influer sur l'amélioration de notre vin.

Procédons maintenant à ce vin additionnel; l'expérience va répondre à la théorie qui dictait le procédé ; aidons-nous de cette épigraphe de Montaigne : « D'autant qu'à mon avis des plus ordinaires choses et plus communes, si nous savions trouver leur jour, se peuvent former les plus grands miracles de nature, les plus merveilleux exemples. » Justifions l'épigraphe.

Prenons à cet effet trois pièces d'eau, même d'eau de puits, comme contenant un principe salico-terreux qui appartient au suc de raisin ; ajoutons la quantité de matière sucrée, et de préférence du sucre, ou de bon miel dans la proportion signalée par notre gleuco-œnomètre, celle de 12 ou 15 degrés qu'avait, ou que même n'avait pas notre moût naturel. Faisons chauffer cette eau à 12 ou 15 degrés ; versons ce moût nouveau dans la cuve ; noyons-y le marc en agitant promptement le tout à la pelle. Hâtons-nous, car la fermentation va marcher rapidement.

Il ne nous manquait que le principe sucré, âme, disons-nous, de la vinification ; l'y voilà, et dans une proportion égale ou supérieure à celle qui existait dans notre premier moût, la cuve, bien entendu, exactement couverte. Douze heures vont à peu près sufffire pour compléter la fermentation, ce qu'indiquera le gleuco-œnomètre. Or ce second vin sera un *vin vieux* par comparaison aux neuf pièces du premier décuvage.

Dans une année qui donnait un vin plus qu'inférieur, un membre de l'académie royale des sciences, M. de C., vivant à sa terre et s'approvisionnant de vin d'Argenteuil, donna la préférence à ce second vin sur celui de première cuvée. Il s'attendait à le payer plus cher en raison de sa bonté, quand, mis dans la confidence du procédé, la diminution du prix fut d'un tiers. Cet académicien, ami éclairé des sciences, sut apprécier ce procédé, étant une conquête de l'art, surtout dans les années peu productives. Pour lui, ce n'était pas là une falsification, c'en serait une pour beaucoup d'autres (8).

C'est en grand et très-grand que s'est faite, l'année suivante, cette expérience, et je rendrais mal compte du motif qui m'a fait hésiter à lui donner dans le temps de la publicité. Ce n'est pas, à coup sûr, la direction des droits-réunis qui s'y serait opposée ; mais j'ai craint de heurter ce préjugé des *vins naturels*. Je n'avais pas à craindre la science qui, en analysant ce vin, le trouverait riche en principes spiritueux et dégagé des principes qui nuisent à sa bonté ; tels que l'acide malique, le goût de terroir et surtout la verdeur, la dureté, l'âpreté, l'aspérité, qui impriment leur cachet sur tout vin nouveau. Vingt-quatre heures ont fait un vin de deux ou trois feuilles, le commerce en a ainsi jugé. Le vin de cette expérience a été estimé 75 francs par des entrepreneurs,

*

quand ils en donnaient difficilement 70 de celui de la première cuvée.

Laissons à ceux qui répéteront le procédé à l'apprécier ; ils auront bu peu de vin à aussi bon marché, quand ils paient si chèrement des vins falsifiés. Ne doutons pas qu'à la vendange prochaine il se fasse de notre vin *additionnel* ou *artificiel*, dans cette acception de produit de l'art, mais *naturel* pour quiconque sera exempt de préjugés ; et il faut bien qu'avec le temps le préjugé cède le pas à la science.

Combien j'aurai à m'applaudir de m'être rangé sous la bannière de la Société royale pour combattre, dans ses rangs, un procédé qu'aurait dû préalablement proscrire la théorie, et qui vient de l'être définitivement par l'expérience la plus imposante, *celles des trois cuves comparées* !

Mais c'est la dernière fois que je dois m'occuper d'œnologie, fidèle à mon épigraphe, je vais confier aux notes qui accompagnent cette dissertation les résultats d'expériences qui ne sont pas sans intérêt pour cette science, et surtout pour l'économie proprement dite : les centimes qu'on épargne ajoutent des francs au bénéfice de la chose.

NOTES.

---

(1) Les amis de l'économie ont à gémir du scandale que, tout récemment, viennent d'offrir des hommes honorables, en descendant dans l'arène œnologique où mademoiselle Gervais est venue jeter une pomme de discorde. Qu'on s'agite pour des questions théologiques et politiques, soit; mais pour des objets de sciences exactes, qui ont des résultats positifs à offrir, cela se conçoit difficilement.

Nos anciens preux rompaient des lances pour les dames, mais ils n'en rompaient pas pour soutenir les prétentions scientifiques du sexe.

2) Établissons nos droits respectifs : c'est dans la continuation du dictionnaire de Rozier que Chaptal inséra, sous le titre *Vin*, son beau travail œnologique, branche de l'économie à laquelle j'avais formé le projet de m'adonner dans mon habitation rurale de Franconville, et ce fut, déjà, bien servir cette science que de concourir, avec empressement, à la publicité de cet excellent article *Vin*, dont j'insérai plusieurs extraits dans la Décade philosophique. Je fis succéder à cette publicité une instruction qui fut imprimée et distribuée par ordre du gouvernement ; instruction dans laquelle je provoquai la correspondance des pays vinicoles. La science, dès lors, s'enrichit de faits que je communiquai à Chaptal qui, devenu ministre, me proposa de rédiger une nouvelle instruction ; mais, voulant la rendre plus populaire, je la dégageai du langage scientifique pour la réduire à l'art, et je la dédiai aux vignerons.

A dater de cette époque, je n'ai cessé de poursuivre ma tâche, et j'ai disséminé des faits nouveaux dans le *Journal d'économie rurale et domestique*, dans la *nouvelle édition de Rozier*, en six volumes; dans le *Ménage des fruits*. J'ai publié successivement une *Analyse du moût*, et récemment sa *Conservation à l'état de mutisme* *.

Dédier partie de ces travaux à Chaptal, c'était acquitter la reconnaissance du disciple envers le maître et m'appuyer de son assentiment sur les extensions que je donnais à l'art œnologique; car les théories sont vacillantes quand elles ne s'étayent pas de faits imposans.

(3) Je ne reviens pas de mon étonnement, en parcourant les divers traités que la bienveillance de leurs auteurs m'a fait parvenir sur ce procédé Gervais, quand j'y vois s'éterniser dans la cuve une fermentation qui, soumise aux conditions réquises pour la régulariser, ne dépasse pas le terme de quatre à cinq jours, quelle que soit la température extérieure. Y a-t-il donc deux natures de calorique? qu'il provienne du foyer solaire ou du foyer domestique.

Que cette époque puisse donc mettre en harmonie les amis éclairés de l'œnologie, et que dès lors disparaissent les nuances de manutentions; la nature et la science, à qui elle révèle ses secrets, n'ont qu'un mode de procéder : des diverses manières de faire les choses, il n'y en a qu'une de bonne, c'est la plus simple qui est la plus conforme aux lois de cette nature.

(4) La matière sucrée était naguère d'un prix trop élevé pour l'employer économiquement à la vinification; mais

---

* Tous ces ouvrages se trouvent chez **L. Colas**, libraire, rue Dauphine, n°. 32.

maintenant combien ne s'est-elle pas multipliée! La better-
rave donne un sucre parfaitement identique avec celui de
la canne, malgré les dénégations que se sont permises, pendant quinze années, le doute, les préventions et l'ignorance,
La chimie est en outre parvenue à saccarifier l'insipide fécule de la pomme de terre; enfin le raisin contient lui-même
une matière sucrée que, dans les années abondantes, on peut
convertir en sirop ou en sucre, pour le conserver dans l'un
ou dans l'autre état; la mélasse, ainsi que le miel commun,
purifiés au charbon animal; toute matière sucrée enfin, devenant l'élément de la vinification, peut être indistinctement
employée à élever le moût peu riche, de 10 à 15 degrés;
ce qui le constitue vin généreux.

Un riche propriétaire du Jura, employant avec beaucoup
de succès le sucre, et son prix ne lui en permettant plus
l'usage, je lui donnai le conseil, qu'il suivit, de réduire trois
ou quatre pièces de son moût récent, à moitié, pour l'in-
troduire à l'état de sirop, dans sa cuve, et il eut à s'applaudir de cette substitution.

Épuisons le chapitre de la matière sucrée en indiquant
l'addition de soixante livres de sirop de pommes, dans
une cuve de douze pièces de vin; sirop dont un propriétaire s'était approvisionné d'après une instruction que je
publiai sur la matière sucrée de la pomme à l'état siru-
peux, produit alors inconnu; et le vin en fut singulièrement
amélioré.

Si le bas prix actuel du sucre ne lui donnait pas la préférence sur ces succédanées, j'ajouterais que ce sirop de
pommes est la matière sucrée la moins chère et la plus ap-
propriée à nombre de mets de l'économie alimentaire, où
elle remplace le sucre; qu'enfin elle est susceptible de se
conserver des années entières. Cette substitution au sucre a
été constatée dans une réunion qui eut lieu à Auteuil chez

M. Cretet, alors ministre de l'intérieur, et dont l'objet était le sucre de raisin; réunion dont faisaient partie Proust, Fourcroy, Foucques, etc.

On y servit une liqueur faite de la veille, sucrée avec le sirop de pommes; substitution dans la confidence de laquelle je n'avais mis que le ministre. Fourcroy la trouvant très-bonne hésitait à m'en croire quand j'eus révélé mon secret; mais je pouvais lever tout doute en lui présentant, d'une part, le sirop, et de l'autre l'alcohol aromatisé, pour en faire lui-même le mélange.

Nous voici éloignés de l'objet de cette dissertation! Nous reviendrons à mademoiselle Gervais. Mais il importe de donner plus d'étendue à cette note et de prévenir le reproche de sophistication que l'addition du *Sirop de pommes*, a peut-être déjà provoqué : non pas, toutefois, de la part des initiés aux mystères de la science chimique.

Écartons toute théorie pour nous maintenir dans le cercle des faits. La bière est un vin d'orge; le cidre, un vin de pommes; le poiré, un vin de poires dont on obtient un alcohol que l'art est parvenu à assimiler à celui du vin.

On obtient également des alcohols du seigle, de la fécule de pommes-de-terre que, si fade, si insipide, on convertit en matière sucrée; il en est ainsi du riz et de toutes substances farineuses dont un commencement de germination développe le principe sucré.

Cet excellent hydromel n'est-il pas un vin de miel? Il en est ainsi du sucre d'érable, de la cerise qui donne le *kirsch-waser*, du sucre enfin dont on obtient le *rhum*, jusqu'au sucre de lait, si peu sucré, dont on obtient par la fermentation un excellent esprit-de-vin.

Si la matière sucrée n'est pas une et même dans l'état de nature, la fermentation, en la décomposant, la ramène à cet état d'homogénéité et d'unité qui constituent l'alcohol.

(5) Le propriétaire d'un excellent vignoble, situé dans une de nos provinces méridionales, mais dont le vin ne supportait pas la mer, conçut l'heureuse idée que voici :

La vendange récoltée, il laissait l'espace de trente-six à quarante-huit heures son raisin exposé à l'air et à la chaleur.

Cette inspiration a bien servi notre propriétaire qui n'y avait pas été conduit par la théorie, mais dont la théorie va justifier le procédé.

C'est une maturité secondaire, telle qu'elle s'opère, en plus ou moins de temps, sur tout fruit doux et sucré de sa nature, et qui, cueilli à sa maturité de végétation, est non mangeable. Cette théorie s'applique au procédé dont il est question ; dès lors le vin obtenu par ce moyen préalable est devenu pour ce propriétaire, un objet de commerce maritime. C'est ainsi que par des moyens divers, la nature arrive à même fin. En effet, qu'est le vin de paille ? Le produit d'un raisin tout ordinaire, parvenu avec le temps à une ultra-maturité, et vin qui, son moût désacidifié, rivalise avec le vin de Tokai.

(6) Voici douze bachous remplis de raisin cueilli à l'aspect du soleil, c'est le vœu du vigneron accompli : *enfermer le soleil dans la cuve !* mais on va le fouler à la vigne même, pour réduire le transport des douze bachous à six. Or il y va fermenter ; dès lors plus d'homogénéité dans la masse. Ainsi déposée successivement dans la cuve, et si on est plusieurs jours, souvent une semaine à l'emplir, c'est un mélange de moût récent, de vin fait et de vin déjà acétifié ; sans compter l'acétification du chapeau foulé et refoulé dans la cuve.

Quelques auteurs œnologiques ont prétendu que la couche d'acide carbonique, qui couvre le chapeau, concourait à protéger le vin ; que son acétification n'était point à re-douter ; enfin que l'air atmosphérique était nécessaire à la fermentation.

Que d'erreurs ! Cette couche d'acide carbonique, dans laquelle un essaim d'insectes qui y naissent, meurent et se putréfient, refoulée à diverses reprises dans la cuve, les y replonge. Elle y reporte le levain acéteux qui va influer sur la totalité du liquide ; Enfin les vins étouffés, si généreux, ne sont-ils pas dérobés à l'air atmosphérique, de tous les agens le plus destructeur ?

(7) Dans un voyage que je fis l'année dernière, en Berri, à l'époque des vendanges, je profitai de mon séjour à Bourges pour insérer dans le journal du Cher ce procédé de vinification ; les détails de cet art si simple, reçurent plus de développement à la séance d'ouverture des *comices agricoles*, institution si favorable à l'instruction des culti-vateurs, et qui avait pris naissance sous le règne de Louis XVI. Le ministère désirait la voir renaître, et ce me fut un devoir de remplir, à cet effet, les vues du gouvernement et de M. le préfet qui se hâta d'y concourir. Cette séance offrit la réunion des principales autorités administratives et judiciaires, des membres de la société d'agriculture et de cultivateurs. Quelques propriétaires ayant procédé, d'après nos principes œnologiques, la cuve couverte et le gleuco-œnomètre à la main, au moment du décuvage, ont pu offrir des points de comparaison ; l'intérêt, excité par la supériorité du vin qu'ils ont obtenu, donnera sans doute des imitateurs.

(8) La chimie, indulgente sur ces additions et ces substi-tutions de matières sucrées, sur cette soustraction d'acide avec excès, devient très-sévère sur les sophistications.

Si le moût, dont elle s'empare, présente des erreurs de calcul, en raison du terroir ou d'années défavorables, alors ce sont des chiffres mal posés, dont la chimie va établir l'harmonie. Elle se permet tout avant la fermentation ; mais elle en respecte l'œuvre, et un simple mélange de vins divers devient pour elle sophistication. En effet, on voit les estomacs se familiariser mal avec ces mélanges de vins servis sur nos tables ; il en est ainsi de leur mélange anticipé.

C'était une sophistication très-coupable, et qui provoquait une loi pénale, que l'addition de *sel de saturne* donnant au vin une saveur sucrée, sel composé de plomb dissous par l'acide du vin ; et cependant tout comptoir de cabaret était revêtu d'une table de plomb, destinée à recevoir le vin des égouttures de toute la journée ; pour être donné le soir aux buveurs qui, tout éventé qu'était ce vin, le trouvaient de saveur plus agréable ; c'est ce qui me fit provoquer la déclaration du roi portant suppression de ces comptoirs, ainsi que des pots au lait de cuivre, autre source d'empoisonnement. Sous ce gouvernement, tout philanthropique, les Malesherbes, les Turgot, ne croyaient pas déroger à la dignité des lois en les appliquant ainsi aux objets de salubrité et d'intérêt public.

Vin soumis, au sortir de la cuve, à un degré de chaleur élevé.

Il y a dans le Lyonnais un cru dont la dureté du vin ne le rend potable qu'après six à sept années révolues.

Voici une expérience que je n'ai pas répétée et qui mérite de l'être : tout étonnante qu'elle se présentât à mon esprit, je la fortifiai promptement d'analogies.

Le propriétaire de ce cru imagina de suppléer à la lenteur du temps, en soumettant ce vin, tiré de la cuve, à une chaleur d'environ 70 degrés, pour, de la chaudière, être versé dans le tonneau (c'est là le cas de tenir le manche de la discipline, car l'alcohol se dégage à 75 degrés);

ce vin, l'année révolue, se trouva aussi potable que celui qui avait exigé six ou sept années d'attente.

Des faits, passons à des analogies.

Le mouvement est un moyen de suppléer au temps qui amène le vin à sa maturité : dans les caves des maisons situées dans des rues passagères où le roulement de lourdes voitures tient le théâtre des bouteilles dans une agitation continuelle, le vin s'améliore sensiblement, par comparaison avec le même vin dans des quartiers isolés et tranquilles. L'accélération de cette maturité est plus sensible, si la chaleur se joint au mouvement, ce qui a lieu dans la cale des navires : un de mes amis reçut, en retour de l'Ile de France, une barrique de vin de Bordeaux, de douze qu'il y avait envoyées ; ce vin avait quadruplé de prix et décuplé de bonté.

Arrivons à la chaleur, sans le concours du mouvement ; nos restaurateurs auxquels on demande pour un banquet de gastronomes de vieux vin de Bordeaux, en promettent et ils tiendront parole ; il n'aura ni l'âpreté, ni la dureté de l'échantillon qu'on a goûté ; on distribue, dans cinquante bouteilles, le vin de quarante ; on les bouche bien et on les place couchées sur le bouchon dans un four de pâtisserie, où il séjourne plus ou moins ; on remplit les quarante bouteilles ; et ce vin a gagné dans la nuit plusieurs années. Le grenier deviendrait la cave de tout vin lent à se mûrir, parce que l'alternative de dilatation et de condensation, occasionée par la chaleur du jour et la fraîcheur des nuits donne le mouvement et la chaleur.

De la désodoration du vin.

Terminons par un fait intéressant. Si les bons vins ont un bouquet, combien de vins médiocres ont en outre de cette médiocrité ou un principe odorant, ou un goût peu agréable? Or, arome et saveur dépendent *d'un rien*, *d'un je ne sais quoi*; toujours est-il que rien n'est plus facile que de donner les aromes de muscat, de framboise qu'ont des vins naturels; il est moins facile de leur enlever ce qu'ils ont de désagréable; voici cependant un fait qui prouve cette possibilité.

Un vigneron d'Argenteuil avait porté au pressoir son marc, et en avait rapporté le vin dans des hottes d'osier *nouvellement goudronnées*; son vin fut infecté. Étienne Chevalier, d'Argenteuil, cultivateur très-éclairé, et dès lors se confiant à la science, me consulta. Je lui prescrivis de verser quatre pintes de lait chaud dans une de ses pièces; elle fut désodorée en vingt-quatre heures, et d'après cet heureux essai, la totalité des pièces ne tarda pas à l'être. Il y eut bénéfice, parce que cette année là le prix du vin était double de celui du lait.

J'avais déjà une expérience ancienne et très-heureuse sur la désodoration du koet-wasser, eau-de-vie de prunes, que son acide prussique et son huile essentielle rendent préjudiciable à la santé.

Soigneusement rectifié, il blanchissait l'eau; mais un cinquième de lait chaud ayant été versé dans la cucurbite, la distillation donna un véritable kirsch-wasser; la partie caseuse coagulée à la surface, s'étant emparée de la totalité de cette huile si ténue et si volatile. La comparaison n'admet pas la plus légère différence entre ces produits de la cerise et de la prune; et ajoutons, parce que ce n'est point ici une falsification, et que ce procédé, publié dans le département du Haut-Rhin, par ordre du préfet, y a converti beaucoup de ce détestable koet-wasser.

Donnons donc le nom de *bonnes sciences* à celles qui ajoutent aux dons de la nature, en les salubrifiant et ouvrant ainsi un champ plus vaste aux jouissances de la vie et à l'industrie commerciale.

Des tonneaux.

Si ma prétention est de compléter le cercle de l'œnologie, les tonneaux, dépositaires si infidèles du vin qui leur est confié, méritent bien un article.

Éminemment hygrométrique, le bois absorbe et restitue tour à tour l'humidité; se moisissant ou se desséchant à sa surface, en raison de la température du cellier, le tonneau exige un emplissage hebdomadaire. Ce n'est pas son alcohol qui s'en sépare; sa volatilisation requiert 75 degrés de chaleur, mais il s'y dénature : le vin ainsi tourmenté, car la nature ne connaît pas de repos, n'est plus le même. Dans le même tonneau il y a différence de saveur, si on le perce au centre ou aux parois. Ne parlons pas de ces cercles qui se détachent de pourriture, enfin de ces pièces qui s'éventrent et dont le vin s'évente dans la gouttière de pierre qu'il traverse pour se rendre au baquet de recette.

De ces inconvéniens bien avérés passons au remède, et transformons ces infidèles tonneaux *en foudres de vin.* Voici le résultat d'une expérience consommée et à laquelle devait conduire le simple raisonnement. On a des pipes à eau-de-vie, cerclées en fer, on les peint avec une couleur à l'huile la plus commune; sur la couche toute fraîche on soupoudre de sable fin, de grès pulvérisé qui est sur-le-champ happé : cette première couche suffit; cependant on peut, la première séchée, en mettre une seconde : dans ce cas-ci, ce qui abonde ne vicie point. Dans le courant de l'année ces pipes contenant deux pièces de vin, n'ont pas exigé plus d'un litre de remplissage, et l'expérience date de 20 ans. Alors, que devient le bois ? Il est soustrait à l'action de l'atmosphère ou sèche ou humide, et à l'intérieur isolé par la couche de tartre qui accroît chaque année; il est devenu un véritable foudre dans lequel le vin calme,

tranquille, se bonifie par la continuité de cette fermentation insensible qui l'amène à sa perfection ; il serait moins
bien en bouteille, parce que c'est le volume du liquide qui
concourt à l'amélioration.

Quelle économie serait pour le commerçant en gros, un
cellier ainsi garni de 200 fûts contenant chacun quatre pièces de vin, et qu'à la vente on soutirerait en tonneaux, sans
parler de la qualité supérieure qu'il aurait acquise ! Mais ce
procédé, si conservateur des vins, si économique, que j'ai
publié, doit à sa simplicité de demeurer inusité, et cela,
quand le procédé Gervais, repoussé par la théorie, et aujour-
d'hui par des expériences décisives, a réuni tant de prosélytes pour ne plus avoir que des contradicteurs !

Terminons ces notes par les économies qui résultent de
notre procédé.

Économie de temps.

Le temps est la chose la plus chère ; mais ici, outre les
dépenses qu'il occasione, il devient destructeur en assou-
pissant la fermentation ; car c'est une marche constante et
uniforme que suit la nature, et si elle est interrompue,
quel chaos ! et que de faux pas on l'oblige à faire ! En effet
elle ne suspend son œuvre de vinification que pour passer
à l'acidification, et tel est, dans les petits vignobles, ainsi
que dans les mauvaises années, le sort d'une grande quantité de vin ; l'art peut si facilement atténuer et même
braver cette double influence. Si c'est 20 jours d'attente
pour le décuvage, tel celui de la cuve Gervais, et que
quatre à cinq jours soient le terme du décuvage de la
nôtre dont on n'a que le couvercle à enlever, voilà une
grande économie de temps présent, et *de temps à venir*.

Expliquons ce temps à venir : dans un grand vignoble où
par la nature des cépages et l'exposition, tout ne mûrit pas

à la fois, quelle latitude n'offrent pas ces cinq jours *au plus* pour notre cuvée, puisqu'elles peuvent se succéder, et que dans les années abondantes quatre cuves feront l'office de huit ou de douze! C'est ici la solution d'un grand problème pour le vigneron.

De l'économie pécuniaire.

L'économie, dans sa rigoureuse acception, est très-exigeante et très-parcimonieuse, ne négligeant aucune des branches dont elle se compose, surtout celles de la dépense, du temps, de la quantité des produits, enfin, du gaspillage, tous inconvéniens qu'entraînent les dix manières de mal faire les choses quand il n'y en a qu'une de bien faire, celle que la théorie et l'expérience ont consacrée. Enfin, les centimes épargnés ajoutent au bénéfice de la chose.

De la dépense. — L'appareil Gervais est très-dispendieux; il est sujet à des réparations. Un cellier bas et étroit, de quatre cuves qu'il contient, n'en contiendra que trois avec l'appareil.

Indépendamment de son coût, il y a le bénéfice de l'inventeur; car c'est une société intéressée, une spéculation financière qui s'est formée. Je n'ai pu en former une, dans laquelle cependant rien à payer, tout à recevoir! mon couvercle et l'étançon qui le fixe au plancher n'ont pus être décorés d'un brevet d'invention, quoique c'en soit une, et que l'expérience atteste qu'elle est très-profitable.

9 782329 050478